乌冈栎

柯

小叶青冈

青冈

长叶栎

云山青冈

赤皮青冈

柳栎

尖叶青冈

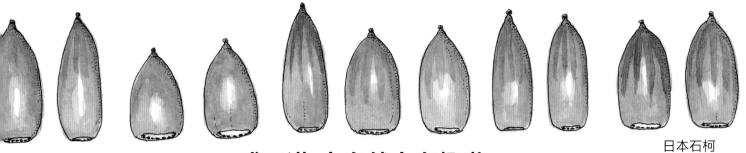

日本石柯

盛口满 大自然太有趣啦
一颗橡子掉下来

[日] 盛口满 著/绘　郭昱 译　秦爱丽 审

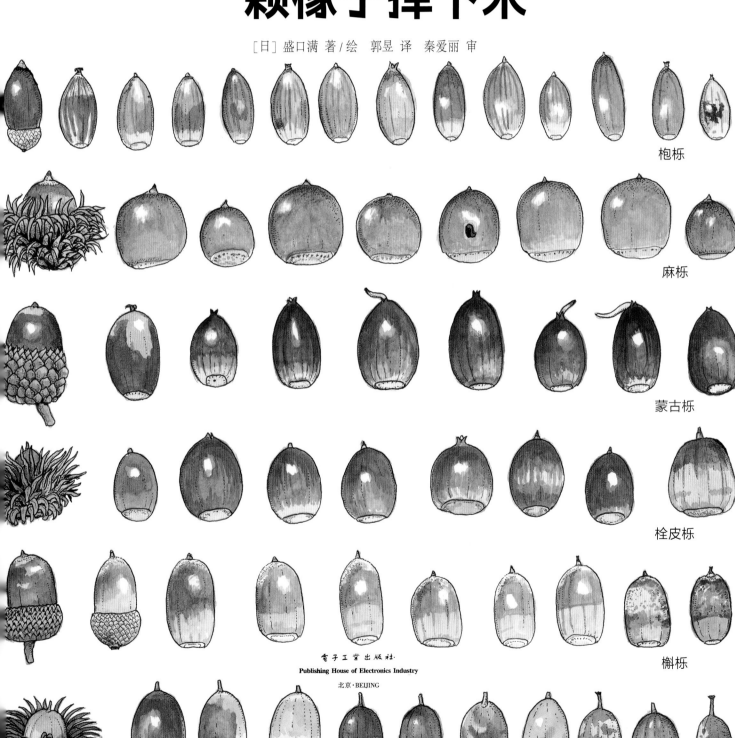

枹栎

麻栎

蒙古栎

栓皮栎

槲栎

电子工业出版社
Publishing House of Electronics Industry
北京·BEIJING

槲树

形态各异 即便是同一种栎树的橡子，每一颗橡子的形状也不一样。

乌冈栎 生长在海拔 300 ～ 1200 米的山坡、山顶和山谷密林中。

颜色各异

同一种栎树的橡子，在不同的时间被捡到时，它们的颜色也不一样。

小叶青冈　是中国常见的栎树种，在中国河南、陕西、甘肃等地都能捡到它们的橡子。

常见的橡子 有些栎树的橡子比较常见。

枹栎 广泛分布于中国大部分省区。

少见的橡子　也有些栎树的橡子很少见。

长叶枹栎　　在中国境内，只产于四川石棉、奉节等地。

冲绳里白栎
它们的橡子很大，在日本奄美大岛和冲绳岛等地能捡到。

大的和小的、圆的和细长的

有的橡子大，有的橡子小。有的橡子是圆圆的，有的橡子是细长的。

小叶青冈
它们的橡子很小，在中国河南、陕西、甘肃等地都能捡到。

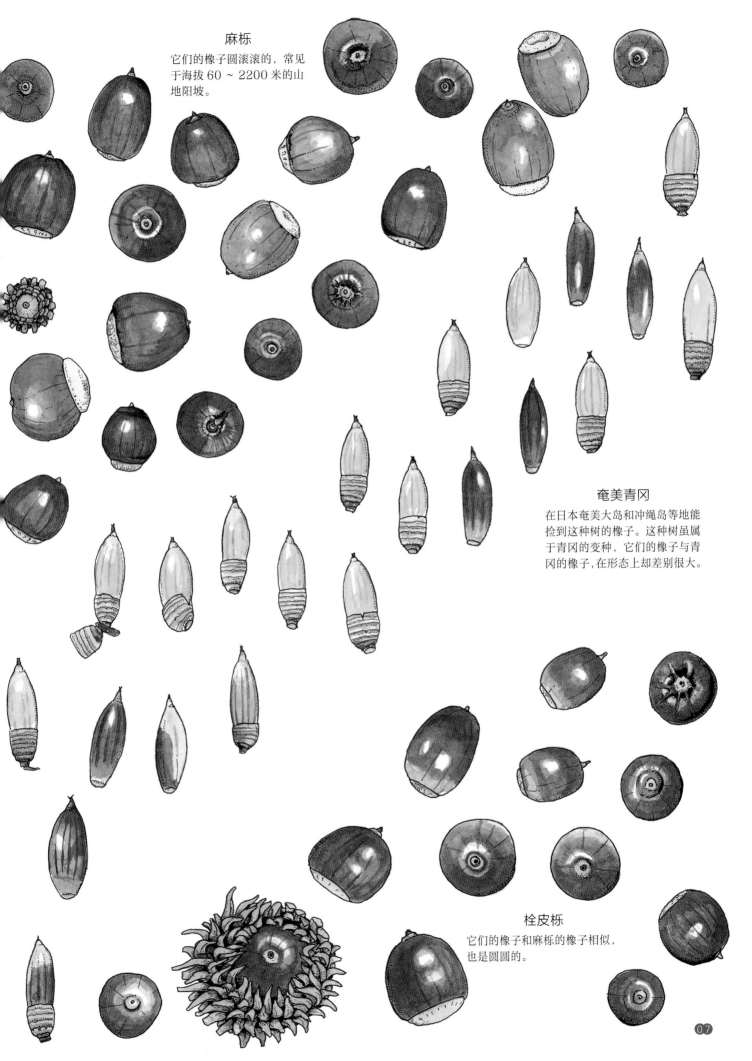

麻栎

它们的橡子圆滚滚的，常见于海拔 60 ～ 2200 米的山地阳坡。

奄美青冈

在日本奄美大岛和冲绳岛等地能捡到这种树的橡子。这种树虽属于青冈的变种，它们的橡子与青冈的橡子，在形态上却差别很大。

栓皮栎

它们的橡子和麻栎的橡子相似，也是圆圆的。

山上的橡子，山脚的橡子

有的橡子必须要到山里才能捡到。

蒙古栎树叶

蒙古栎树叶

蒙古栎是可高达 30 米的落叶乔木。在中国，主要分布于东北、华北、西北地区。

蒙古栎　　生于海拔 200-2100 米山地林中。

好吃的橡子

橡子是动物们的美食。
人类也曾经以橡子为食。

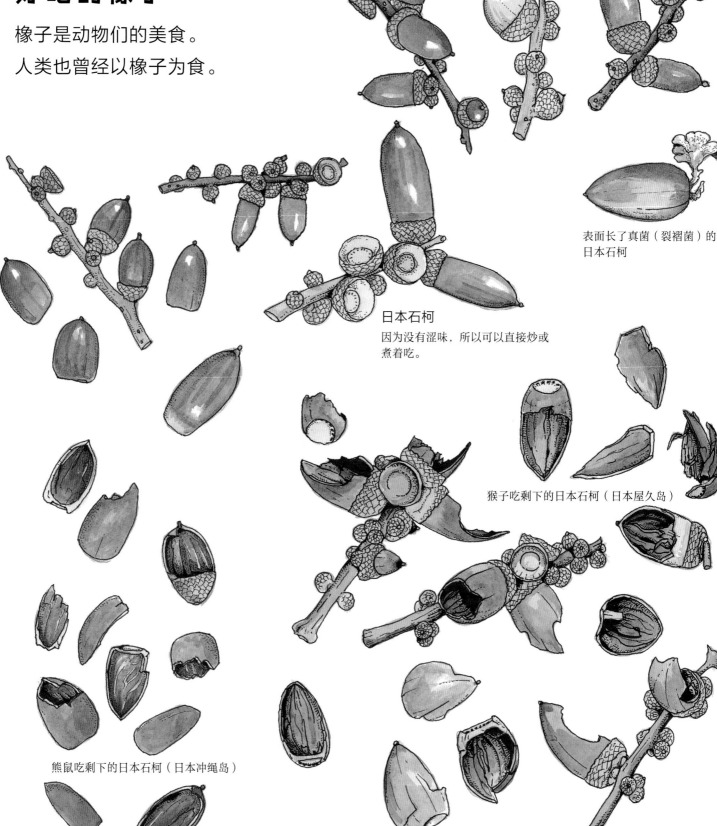

表面长了真菌（裂褶菌）的
日本石柯

日本石柯
因为没有涩味，所以可以直接炒或
煮着吃。

猴子吃剩下的日本石柯（日本屋久岛）

熊鼠吃剩下的日本石柯（日本冲绳岛）

※ 括号内地点为上图所绘实物的发现地。

锥栗的果实

长果锥

冲绳长果锥

尖叶栲

锥栗和栎同属于壳斗科，锥栗是栗属植物，
而栎是指栎属植物。锥栗是中国重要木本
粮食植物之一，它的果实香味浓厚。

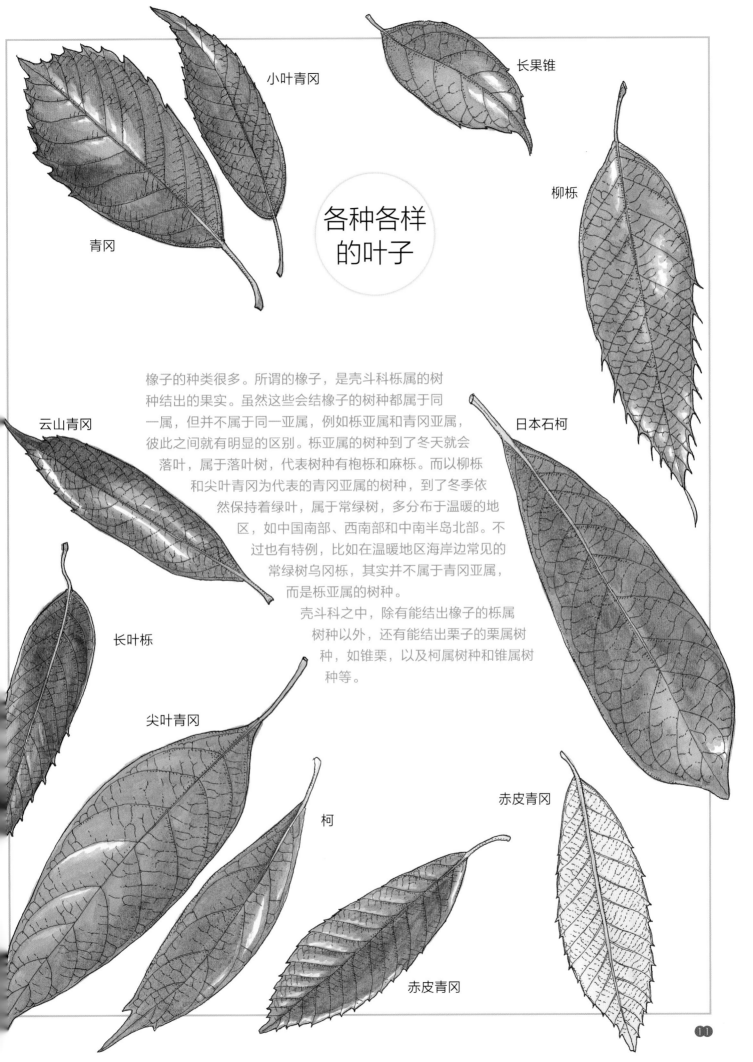

小叶青冈

长果锥

青冈

柳枞

各种各样
的叶子

云山青冈

日本石柯

橡子的种类很多。所谓的橡子，是壳斗科栎属的树
种结出的果实。虽然这些会结橡子的树种都属于同
一属，但并不属于同一亚属，例如栎亚属和青冈亚属，
彼此之间就有明显的区别。栎亚属的树种到了冬天就会
落叶，属于落叶树，代表树种有枹栎和麻栎。而以柳枞
和尖叶青冈为代表的青冈亚属的树种，到了冬季依
然保持着绿叶，属于常绿树，多分布于温暖的地
区，如中国南部、西南部和中南半岛北部。不
过也有特例，比如在温暖地区海岸边常见的
常绿树乌冈栎，其实并不属于青冈亚属，
而是栎亚属的树种。
壳斗科之中，除有能结出橡子的栎属
树种以外，还有能结出栗子的栗属树
种，如锥栗，以及柯属树种和锥属树
种等。

长叶栎

尖叶青冈

柯

赤皮青冈

赤皮青冈

蒙古栎

麻栎

小叶青冈

橡子和树枝

如果有橡子在它还是青色的时候就连带树枝一起掉落在地上，那肯定是昆虫们干的好事。橡子是昆虫们非常喜爱的美味。

尖叶青冈

枹栎

剪枝栎实象会干净利落地将带有橡
子的栎树枝条切断，然后在掉落的
青色橡子里产卵。

有虫卵
的橡子

被切下来的柳栎枝

将橡子连带树枝一起切下来的
剪枝栎实象的成虫

帽子

让我们好好瞧一瞧橡子，以及它们的"帽子"。这些"帽子"叫壳斗，是叶状物——苞片聚集愈合而形成的碗状器官包着橡子。

根据橡子的不同，"帽子"的形态也不尽相同。

日本山毛榉和锥栗与栎属树种相似，它们的壳斗严严实实地包裹着果实。

日本山毛榉的每个壳斗里都包裹着2颗果实。

日本石柯

在日本石柯和石栎的长长的枝条上，同时生长着多个壳斗。

柯

柳栎

锥栗的每个壳斗里都包裹着1颗果实。

日本山毛榉

长果锥

尖叶栲

×3

麻栎

栓皮栎

乌冈栎

枹栎

槲树

蒙古栎

槲栎

尖叶青冈

小叶青冈

冲绳里白栎

长叶栎

赤皮青冈

青冈

云山青冈

较短的柱头

麻栎

栓皮栎

凑近看橡子

仔细看，每种橡子的
区别还是很大的。

冲绳里白栎

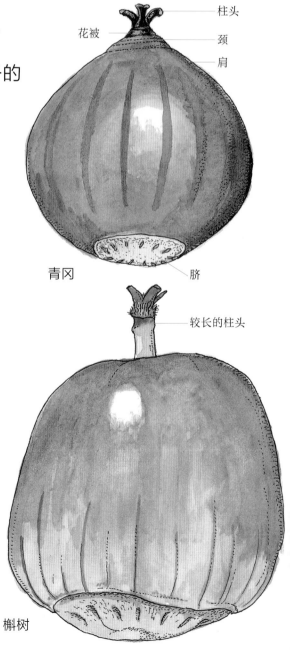

花被 — — 柱头
— 颈
— 肩

青冈

— 脐

较长的柱头

槲树

×5

乌冈栎

云山青冈

尖叶青冈

小小的脐

柯

小叶青冈

多毛的柱头

内凹的脐

长叶栎

赤皮青冈

柳栎

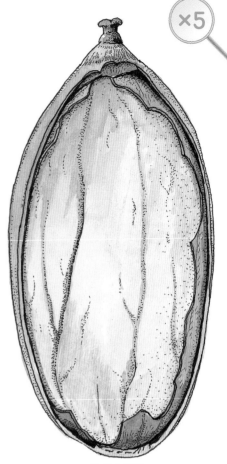

×5

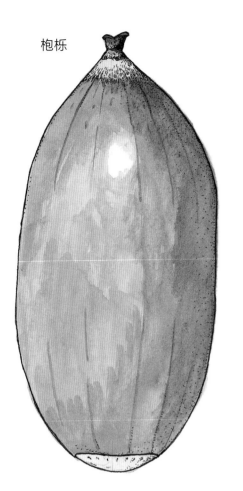

枹栎

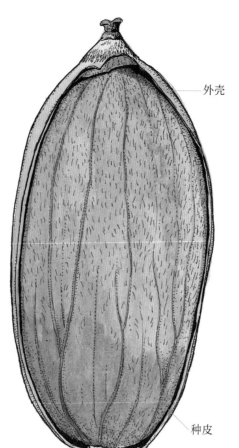

外壳

种皮

将种皮撕掉。

解剖橡子

让我们把橡子从中间剥开观察。

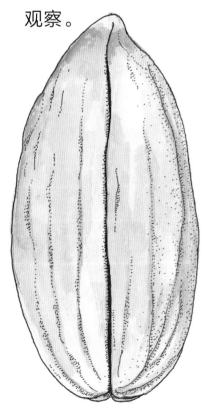

胚，以后会发育成芽和根的部位

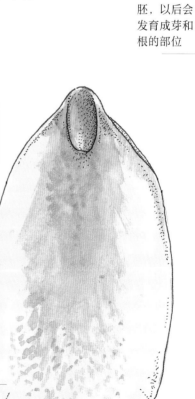

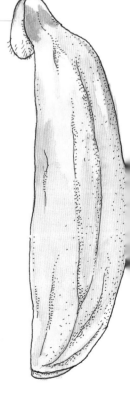

胚，以后会发育成芽和根的部位

子叶，储存种子萌发所需营养的部位

这是将种皮撕掉后的整颗种子。

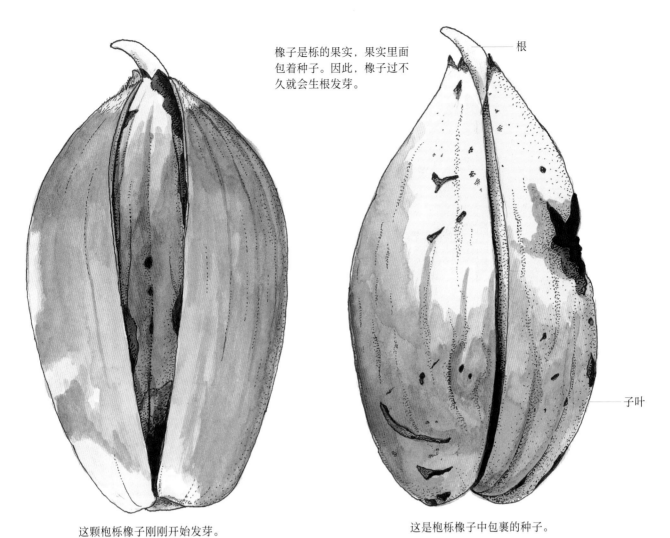

橡子是栎的果实，果实里面包着种子。因此，橡子过不久就会生根发芽。

根

子叶

这颗枹栎橡子刚刚开始发芽。

这是枹栎橡子中包裹的种子。

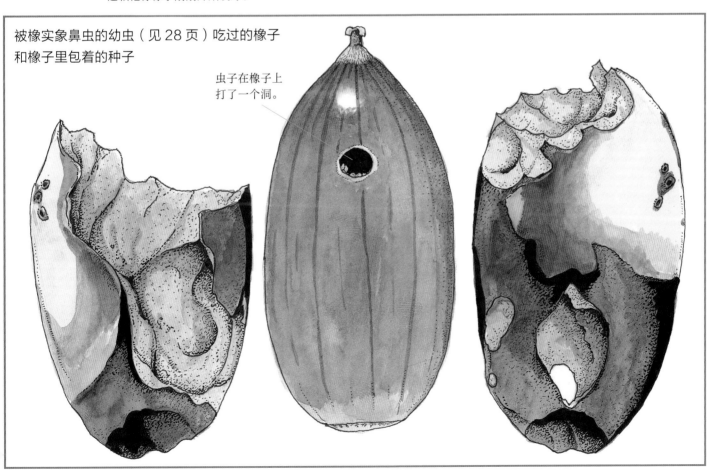

被橡实象鼻虫的幼虫（见 28 页）吃过的橡子和橡子里包着的种子

虫子在橡子上打了一个洞。

公园里的橡子

一起去捡橡子吧，公园里也许就有掉落的橡子。

我们附近的公园里有哪些橡子呢？

●公园里捡到的橡子和其他（日本京都府）

我们能够捡到许多树的落叶和果实，包括橡子。

※ 括号内地点为下图所绘实物的发现地。

尖叶栲

北美枫香

北美鹅掌楸

鸡屎藤

苦楝树

厚叶石斑木

北美鹅掌楸

小叶青冈

青冈

毛榉树

朴树

乌桕

鸡爪槭

香樟

美枫香

枹栎

日本石柯

大袋蛾的蓑袋

杂木林中的橡子

我们也可以前往树林里捡拾橡子。

杂木林真可以称得上橡子林，那里常有很多橡子。

●**杂木林中捡到的橡子和其他**（日本埼玉县）
不仅有橡子，还有真菌和虫瘿。

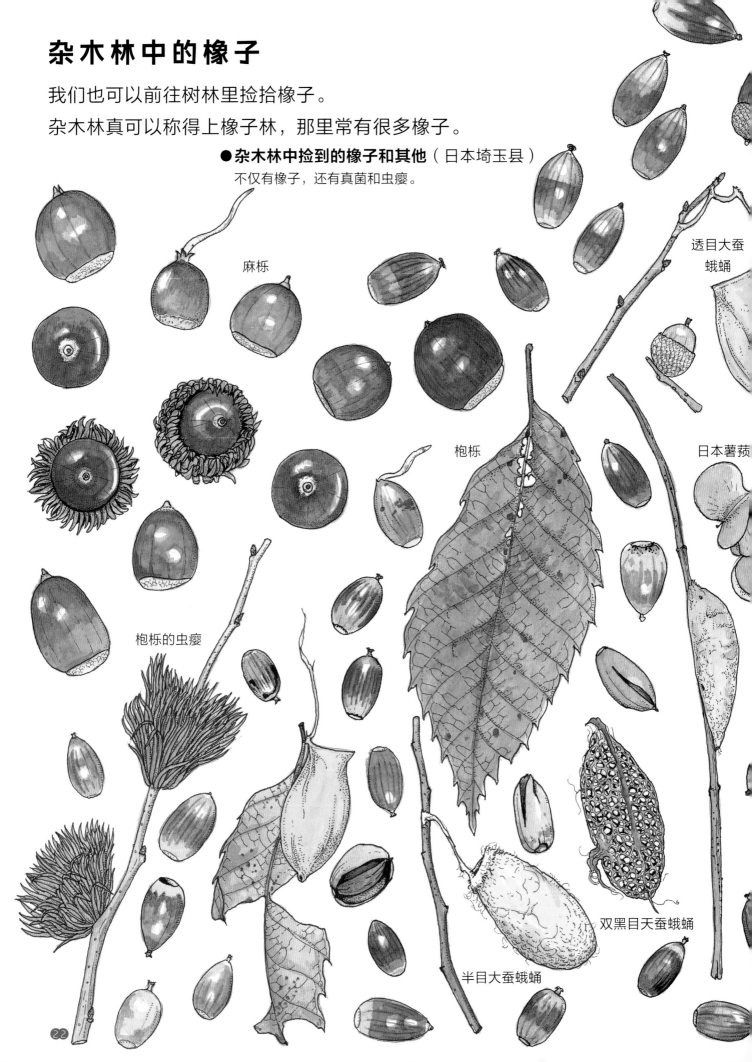

麻栎

透目大蚕
蛾蛹

枹栎

日本薯蓣

枹栎的虫瘿

双黑目天蚕蛾蛹

半目大蚕蛾蛹

山萆薢

小奥德蘑

花脸香蘑

穆雷粉褶蕈
（有毒）

铅色马勃

红菇

红乳头蘑

小脆柄菇

拟橙盖鹅膏

鸡屎藤

蛹虫草

枹栎

鳞柄白鹅膏（剧毒）

海边的橡子

一起去海边捡橡子吧。
在海岸边，我们可能发现随着海水
漂流过来的来自其他地方的橡子。

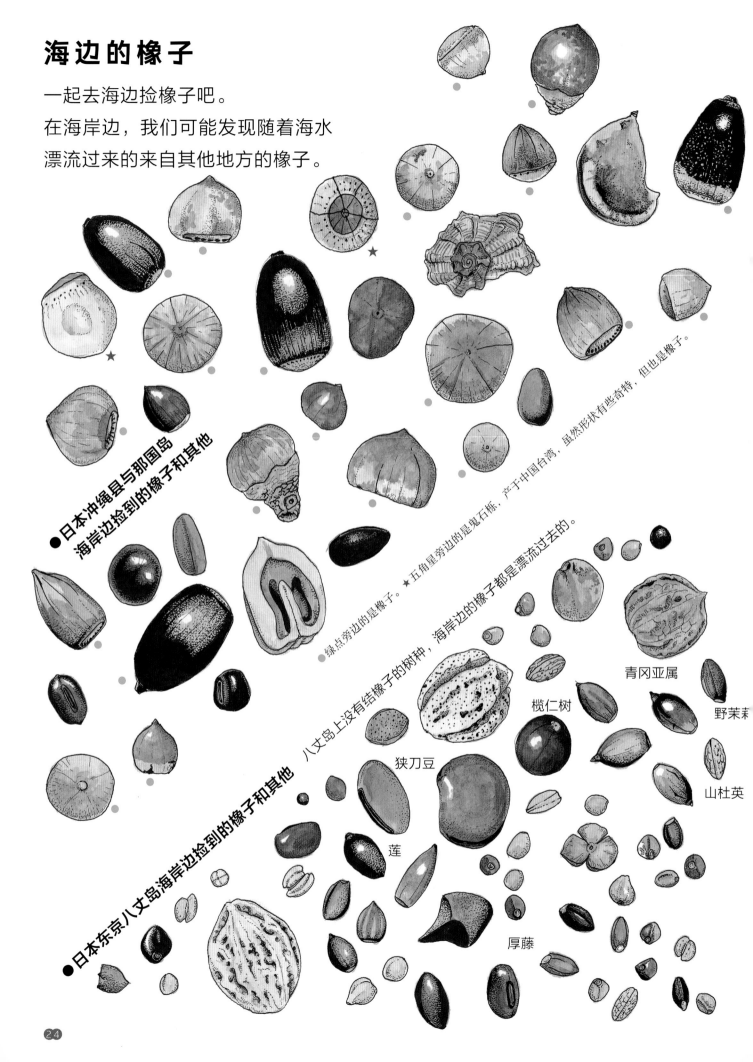

●日本冲绳县与那国岛
海岸边捡到的橡子和其他

绿点旁边的是橡子。★五角星旁边的是鬼石栎，产于中国台湾，虽然形状有些奇特，但也是橡子。

八丈岛上没有结橡子的树种，海岸边的橡子都是漂流过去的。

●日本东京八丈岛海岸边捡到的橡子和其他

青冈亚属

榄仁树

野茉莉

狭刀豆

山杜英

莲

厚藤

●日本千叶县馆山海岸边捡到的橡子和其他

银杏

日本油桐

日本石柯

翡翠贻贝

青冈亚属

桃

长果锥

长果锥

粉色贝壳

乌贼骨

日本石柯

梅

莲

枹栎

山茶

●日本茨城县波崎海岸边捡到的橡子和其他

紫贻贝

海马

日本山毛榉
的壳斗

日本油桐

胡桃

日本石柯

榄仁树

七叶树

鲨鱼的卵囊

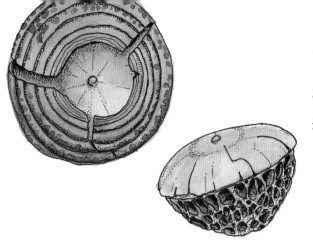

密林里的橡子

橡子有许多种。在世界各地的密林里，
我们还会发现各种不同的橡子。

●**密林里捡到的橡子和其他**
（马来西亚婆罗洲岛基纳巴卢山）
这里还会有锹形虫和蝎子随时掉下来。

世界各地日本石柯类中最大的橡子

被豪猪吃过后的橡子残留

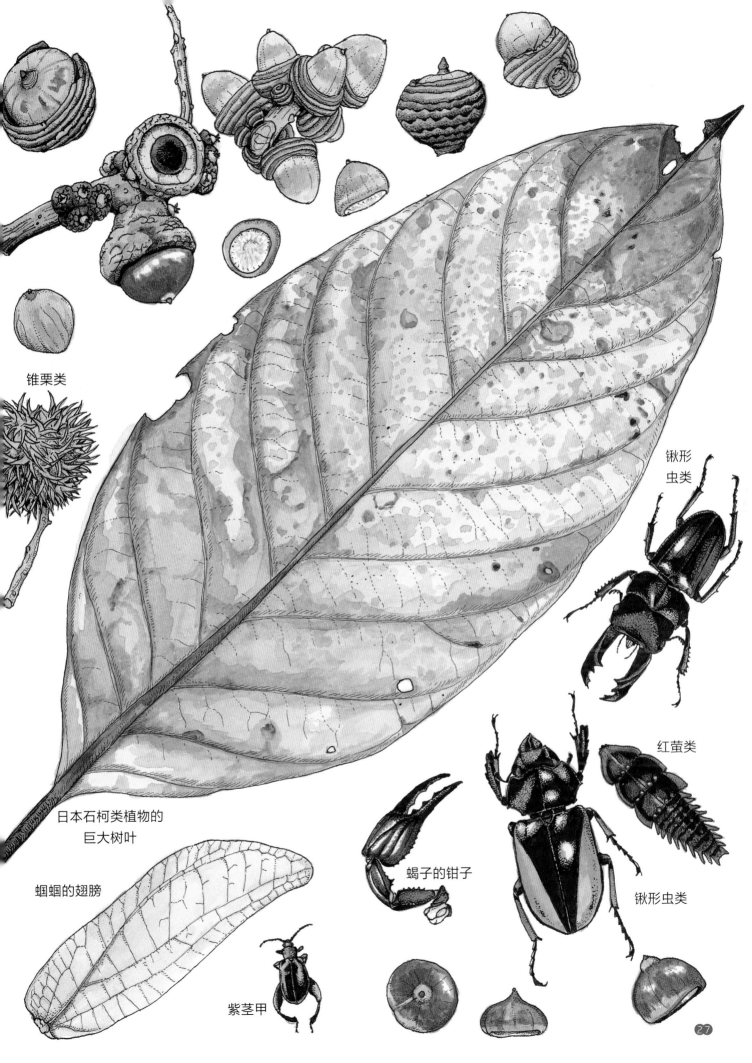

锥栗类

锹形
虫类

日本石柯类植物的
巨大树叶

红萤类

蝈蝈的翅膀

蝎子的钳子

锹形虫类

紫茎甲

城市里的橡子探险

即便住在城市里，我们也能够发现橡子。

栎树在中国生长范围十分广泛，大部分省、市均有分布。南、北方常见的栎树树种是不同的。作为常绿或落叶乔木，不同的栎树可以用于优化不同地区的城市景观。此外，栎树树种也能适应城市环境，起到降低太阳辐射、消减风力、吸音减噪、净化空气的作用。

● 城市里的橡子（日本东京）

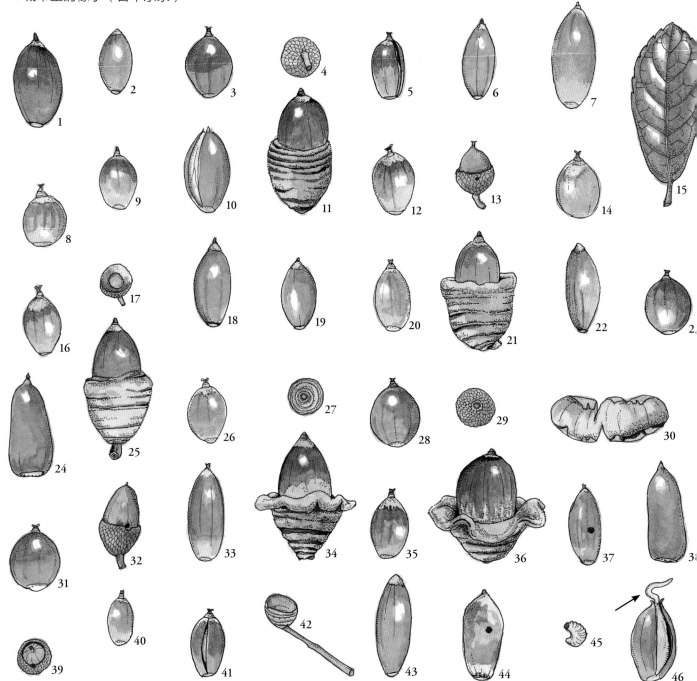

中国常见的橡子：11, 21, 25, 34, 36；

乌冈栎的橡子：1, 2, 6, 7, 18, 19, 22, 43；乌冈栎的叶子：15；

青冈的橡子：3, 23, 28, 31；日本石柯的橡子：24, 38；

小叶青冈的橡子：5, 8, 9, 12, 14, 16, 20, 26, 27, 35, 40, 41；

炮栎的橡子：4, 7, 10, 13, 17, 29, 30, 32, 33, 37, 39, 44, 46；象鼻虫幼虫：45。

比如，在日本，原本常见于南部海岸地区的乌冈栎和在九州岛以南地区生长的日本石柯等，就因能够承受城市中的严酷环境，而常出现于东京等城市中。

● **大学校园里的橡子**（日本东京）

北美红栎的橡子：1, 11, 15, 19, 21, 27, 29, 33, 38；北美红栎的叶子：31；

赤皮青冈的橡子：2, 7, 12, 18, 22, 34；赤皮青冈的叶子：26；

小叶青冈的橡子：3, 8, 23；尖叶青冈的橡子：4, 10, 16, 25, 35, 39；青冈的橡子：9, 13, 20, 24；

日本石柯的橡子：5, 28, 30, 32；乌冈栎的橡子：6, 14, 17；长果锥的橡子：36, 37。

日本橡子图鉴合集 每一颗橡子都各不相同。

1. 乌冈栎　2. 小叶青冈　3. 尖叶青冈　4,5. 青冈　6. 栓皮栎　7. 槲栎　8. 石栎　9. 枹栎　10. 枹栎（发芽）　11. 枹栎
12. 小叶青冈　13. 青冈　14. 日本石柯　15. 乌冈栎　16. 云山青冈　17. 麻栎　18,19. 小叶青冈　20. 栓皮栎
21. 日本石柯　22. 麻栎　23. 赤皮青冈　24. 北美红栎（美国原产）　25. 青冈　26. 云山青冈　27. 枹栎　28. 小叶青冈
29. 赤皮青冈　30. 奄美青冈　31. 乌冈栎　32. 小叶青冈　33. 槲栎　34. 尖叶青冈（3颗种子）　35. 尖叶青冈　36. 槲树
37. 小叶青冈　38. 石栎　39. 枹栎　40. 云山青冈　41. 日本石柯　42. 栓皮栎　43. 柳栎　44. 小叶青冈　45. 青冈
46. 奄美青冈　47. 蓝槲栎（槲栎的变种）　48. 青冈　49. 枹栎　50. 枹栎　51. 乌冈栎　52. 石栎　53. 蒙古栎　54. 冲绳里白栎
55. 赤皮青冈　56. 尖叶青冈　57. 日本石柯　58. 栓皮栎　59. 枹栎　60. 小叶青冈　61. 赤皮青冈

所以，每一颗都是宝物。

62. 云山青冈　63. 日本石柯　64. 枹栎　65. 奄美青冈　66. 麻栎　67,68. 小叶青冈　69,70. 乌冈栎　71. 尖叶青冈
72. 奄美青冈　73. 蒙古栎（中国大陆原产）74. 日本石柯　75. 乌冈栎　76 槲栎　77. 枹栎　78. 青冈　79. 麻栎
80. 奄美青冈　81. 日本石柯　82. 尖叶青冈　83. 赤皮青冈　84. 小叶青冈　85. 蓝槲栎　86. 日本石柯　87. 乌冈栎
88. 青冈　89. 冲绳里白栎　90. 夏栎（欧洲原产）91. 云山青冈　92. 枹栎　93. 夏栎　94. 青冈　95. 栓皮栎
96. 奄美青冈　97. 日本石柯　98. 青冈　99. 尖叶青冈（2 颗种子）100. 槲树　101. 北美红栎（美国原产）
102. 云山青冈　103. 小叶青冈　104. 石栎　105. 蒙古栎　106. 蓝槲栎　107. 槲树　108. 蒙古栎　109. 奄美青冈
110. 麻栎　111. 小叶青冈　112. 枹栎　113. 冲绳里白栎　114. 日本石柯　115. 奄美青冈　116. 日本石柯
117. 麻栎（老鼠吃过后）118. 小叶青冈　119. 栓皮栎　120. 青冈　121. 长叶栎　122. 日本石柯

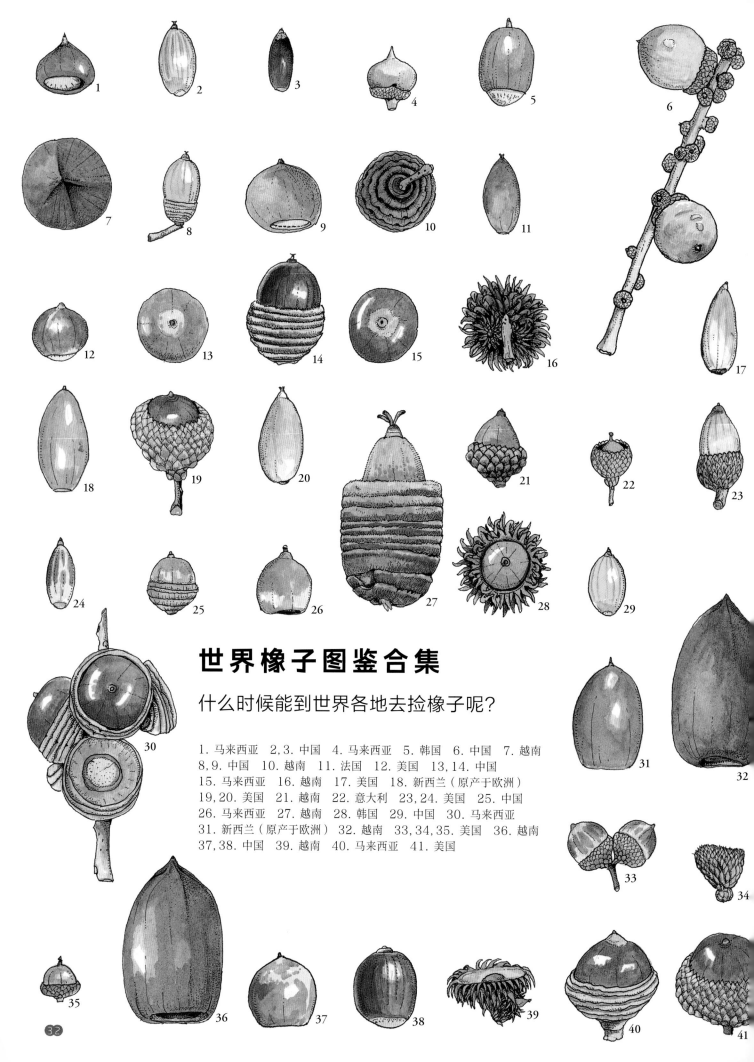

世界橡子图鉴合集

什么时候能到世界各地去捡橡子呢？

1. 马来西亚　2,3. 中国　4. 马来西亚　5. 韩国　6. 中国　7. 越南
8,9. 中国　10. 越南　11. 法国　12. 美国　13,14. 中国
15. 马来西亚　16. 越南　17. 美国　18. 新西兰（原产于欧洲）
19,20. 美国　21. 越南　22. 意大利　23,24. 美国　25. 中国
26. 马来西亚　27. 越南　28. 韩国　29. 中国　30. 马来西亚
31. 新西兰（原产于欧洲）　32. 越南　33,34,35. 美国　36. 越南
37,38. 中国　39. 越南　40. 马来西亚　41. 美国

HIROTTA · ATSUMETA BOKU NO DONGURI ZUKAN

Copyright © 2010 by MORIGUCHI MITSURU

First Published in Japan in 2010 by IWASAKI PUBLISHING CO., LTD.

Simplified Chinese Character rights © 2022 by PUBLISHING HOUSE OF ELECTRONICS CO., LTD.
arranged with IWASAKI PUBLISHING CO., LTD. through PACE AGENCY LTD.

本书中文简体版专有出版权由IWASAKI PUBLISHING CO., LTD.通过PACE AGENCY LTD.授予
电子工业出版社。

未经许可，不得以任何方式复制或抄袭本书的任何部分。

版权贸易合同登记号　图字：01-2022-1807

图书在版编目（CIP）数据

盛口满　大自然太有趣啦. 一颗橡子掉下来 /（日）盛口满著、绘；郭昱译. --北京：电子工业出
版社，2022.8

ISBN 978-7-121-43510-2

Ⅰ．①盛⋯　Ⅱ．①盛⋯　②郭⋯　Ⅲ．①自然科学－少儿读物　Ⅳ．①N49

中国版本图书馆CIP数据核字（2022）第088402号

责任编辑：苏　琪

印　　刷：北京利丰雅高长城印刷有限公司

装　　订：北京利丰雅高长城印刷有限公司

出版发行：电子工业出版社
　　　　　北京市海淀区万寿路173信箱　邮编：100036

开　　本：889×1194　1/16　印张：8　字数：68千字

版　　次：2022年8月第1版

印　　次：2023年7月第3次印刷

定　　价：159.00元（全4册）

凡所购买电子工业出版社图书有缺损问题，请向购买书店调换。

若书店售缺，请与本社发行部联系，联系及邮购电话：（010）88254888，88258888。

质量投诉请发邮件至zlts@phei.com.cn，盗版侵权举报请发邮件至dbqq@phei.com.cn。

本书咨询联系方式：（010）88254161转1882，suq@phei.com.cn。